数学文化

李大潜

莱布尼茨：
从差和分到微积分

Leibniz：
Cong Chahefen Dao Weijifen

王能超

中国教育出版传媒集团

高等教育出版社·北京

图书在版编目（CIP）数据

莱布尼茨：从差和分到微积分 / 王能超编 . -- 北京：高等教育出版社，2021. 8（2024.5 重印）
（数学文化小丛书 / 李大潜主编 . 第四辑）
ISBN 978-7-04-056132-6

Ⅰ . ①莱… Ⅱ . ①王… Ⅲ . ①微积分 Ⅳ . ① O172

中国版本图书馆 CIP 数据核字（2021）第 097193 号

策划编辑	李 蕊	责任编辑	李 蕊	封面设计	张 志
版式设计	徐艳妮	插图绘制	黄云燕	责任校对	胡美萍
责任印制	存 怡				

出版发行	高等教育出版社	网　址	http://www.hep.edu.cn
社　址	北京市西城区德外大街 4 号		http://www.hep.com.cn
邮政编码	100120	网上订购	http://www.hepmall.com.cn
印　刷	中煤（北京）印务有限公司		http://www.hepmall.com
开　本	787mm×960mm　1/32		http://www.hepmall.cn
印　张	2		
字　数	36 千字	版　次	2021 年 8 月第 1 版
购书热线	010-58581118	印　次	2024 年 5 月第 3 次印刷
咨询电话	400-810-0598	定　价	6.00 元

数学文化小丛书总序

整个数学的发展史是和人类物质文明和精神文明的发展史交融在一起的。数学不仅是一种精确的语言和工具、一门博大精深并应用广泛的科学,而且更是一种先进的文化。它在人类文明的进程中一直起着积极的推动作用,是人类文明的一个重要支柱。

要学好数学,不等于拼命做习题、背公式,而是要着重领会数学的思想方法和精神实质,了解数学在人类文明发展中所起的关键作用,自觉地接受数学文化的熏陶。只有这样,才能从根本上体现素质教育的要求,并为全民族思想文化素质的提高夯实基础。

鉴于目前充分认识到这一点的人还不多,更远未引起各方面足够的重视,很有必要在较大的范围内大力进行宣传、引导工作。本丛书正是在这样的背景下,本着弘扬和普及数学文化的宗旨而编辑出版的。

为了使包括中学生在内的广大读者都能有所收益,本丛书将着力精选那些对人类文明的发展起过重要作用、在深化人类对世界的认识或推动人类对世界的改造方面有某种里程碑意义的主题,由学有专长的学者执笔，抓住主要的线索和本质的内容，由浅入深并简明生动地向读者介绍数学文化的丰富内涵、数学文化史诗中一些重要的篇章以及古今中外一些著名数学家的优秀品质及历史功绩等内容。每个专题篇幅不长，并相对独立，以易于阅读、便于携带且尽可能降低书价为原则，有的专题单独成册，有些专题则联合成册。

希望广大读者能通过阅读这套丛书，走近数学、品味数学和理解数学，充分感受数学文化的魅力和作用，进一步打开视野、启迪心智，在今后的学习与工作中取得更出色的成绩。

李大潜

2005 年 12 月

目　　录

引言　领悟莱布尼茨的伟大才智

笔者看到, 美国学者 M. 克莱因所著数学史《古今数学思想》, 在总结微积分发明的思想根源时, 关于 "莱布尼茨的工作" 的陈述是不清晰的[3], 特别是他竟然否定了莱布尼茨本人撰写的《微分学的历史和起源》, 从而使莱布尼茨发明微积分的真实思想被深埋在历史的迷雾之中.

笔者最近偶然看到台湾学者蔡聪明的文章《Leibniz 如何想出微积分?》, 该文作者针对莱布尼茨的论文《微分学的历史和起源》指出:

"莱布尼茨说出他发明微积分的根源就是差和分学. 在他的一生当中, 总是不厌其烦地解释这件得意的杰作. 差和分与微积分之间的类推关系, 恒是莱布尼茨思想的核心. "

笔者虽然渴求但始终没有亲眼看见莱布尼茨有关差和分学的论著. 本文仅就 "道听途说" 获得的零碎信息, 尝试就 "从差和分到微积分" 这一命题进行一番逻辑演绎, 感觉似乎还说得通, 于是匆促成文请教李大潜教授. 关于微积分的教学改革, 李先生赞同

试验新的方案:

"从微积分基本定理的角度, 从总体上把握微积分, 而不是分别讲微分与积分, 再讲它们的联系."

笔者才疏学浅, 孤陋寡闻, 加之缺乏微积分的实际教学经验, 这篇短文难免包含不妥之处和疏漏, 恳请广大读者不吝赐教.

一、阿基米德拉开了历史的序幕

关于微积分的起源，数学史认为，可以追溯到公元前 3 世纪阿基米德处理曲边图形的 "穷竭法".

阿基米德 (公元前 287 — 前 212)，古希腊数学家，他的生平没有详细的历史记载，但关于他的动人故事却广为流传.

一次为了鉴定皇冠的含金量，他整天冥思苦想，终于在洗澡时触发了灵感. 当他感悟到浮力原理后，竟光着身子在大街上狂叫："尤里卡! 尤里卡!" "尤里卡" 是希腊语 "发现了" 的意思. 当今世界上最著名的发明博览会就是以 "尤里卡" 命名的.

阿基米德有惊人的创造才能，他将高超的计算技巧与严谨的数学论证融为一体，而被后世尊为 "古代数学之神".

阿基米德重大数学成就之一，就是运用穷竭法计算了一些简单曲边图形的面积，例如由抛物线

$$y = x^2, \quad 0 \leqslant x \leqslant b$$

与 x 轴及直线 $x = b$ 所围成的曲边三角形 (图 1) 的

面积.

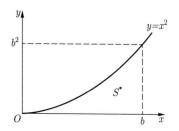

图 1　以抛物线 $y = x^2$ 为边的曲边三角形

位于矩形 $0 \leqslant x \leqslant b, 0 \leqslant y \leqslant b^2$ 之中的这个曲边三角形, 它的面积 S^* 显然小于矩形面积 b^3 之半. 阿基米德断言, 这个曲边三角形的面积恰好等于该矩形面积的三分之一, 即

$$S^* = \frac{b^3}{3}.$$

在两千多年前的时代, 这个结论是惊人的.

阿基米德是运用穷竭法证明这个结论的.

设将区间 $[0, b]$ n 等分, 等分宽度 $h = \dfrac{b}{n}$. 过等分点作平行于 y 轴的直线, 将曲边三角形分割成若干窄条矩形, 这样得到如图 2 所示的内外两个阶梯形, 它们分别从内外两侧逼近曲边三角形.

将这些小矩形的面积累加在一起, 即得阶梯形的面积. **利用数列求和公式**

$$1^2 + 2^2 + 3^2 + \cdots + n^2 = \frac{n^3}{3} + \frac{n^2}{2} + \frac{n}{6} \quad (1)$$

可求出内、外两个阶梯形的面积 S_n 和 T_n, 显然曲

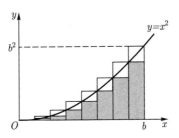

图 2 从内部和外部逼近曲边三角形的阶梯形

边三角形面积 S^* 介于 S_n 和 T_n 之间

$$S_n < S^* < T_n.$$

可以证明, 只要等分数 n 足够大, 内、外阶梯形的面积与数值 $\dfrac{b^3}{3}$ 的偏差可以任意小, 由此断定曲边三角形面积 $S^* = \dfrac{b^3}{3}$.

命题得证.

由直到曲是从初等数学到高等数学质的飞跃. 阿基米德开创了计算曲边图形面积的新篇章, 后世的数学家们试图运用阿基米德的方法开展更为深入的探索, 但举步维艰. 问题的症结在于类似于式 (1) 的数列求和公式推导困难.

计算曲边图形面积这个数学难题, 从公元前 3 世纪的阿基米德时代算起, 整整纠缠了数学家们两千年, 直到 17 世纪微积分方法的萌发, 才真正出现转机.

二、毕达哥拉斯三角形数

数列求和问题源远流长，据数学史查实，早在古希腊数学萌发初期，古希腊人就提出了正整数求和的三角形数.

毕达哥拉斯学派是古希腊数学的"开山祖师"，他们的研究工作是古希腊数学的源头. **毕达哥拉斯学派创立了纯数学，把它变成一门高尚的艺术.**

很明显，毕达哥拉斯学派研究的数，已经不是具体的多少匹马，或是多少头牛；他们所研究的几何图形，已经不是具体的一片麦地，一块苗圃 ...... **毕达哥拉斯学派把现实事物和实际图形，通过思维的抽象升华为数学中的数和形，这是数学思维重大的飞跃.**

由于数和形被抽象成数学概念，人们可以致力于研究这些概念的内在规律，从而更广泛地探讨客观世界的数量关系和空间形式. **毕达哥拉斯学派赋予数学真理以最抽象的形式和内涵，这是古希腊文明对人类数学发展最伟大的贡献之一.**

毕达哥拉斯三角形数是古希腊数学培育出来的

一株奇葩, 它虽历经千年风雨至今仍在数学史上卓然傲立, 放射着智慧的光芒.

什么是三角形数

在公元前 6 世纪数学形成的初期, 缺少纸和笔, 缺乏基本的数学符号与逻辑法则, 古希腊先民在沙滩上摆弄小石子, 他们用小石子排列成图形表示数, 称为**图形数**[5], 譬如图 3 用三角形点阵表示的**三角形数** a_n.

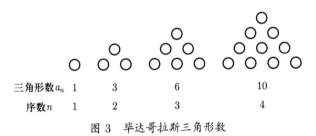

三角形数 a_n	1	3	6	10
序数 n	1	2	3	4

图 3 毕达哥拉斯三角形数

三角形数 a_n 是前 n 个正整数 $1, 2, \cdots, n$ 求和的结果.

类似地, 毕达哥拉斯**正方形数** b_n 表示正方形区域内的点数 (图 4).

早在两千多年前, 毕达哥拉斯学派已熟知三角形数的计算公式[2]34

$$a_n = \frac{1}{2}(n+1)n,$$

即下列命题成立:

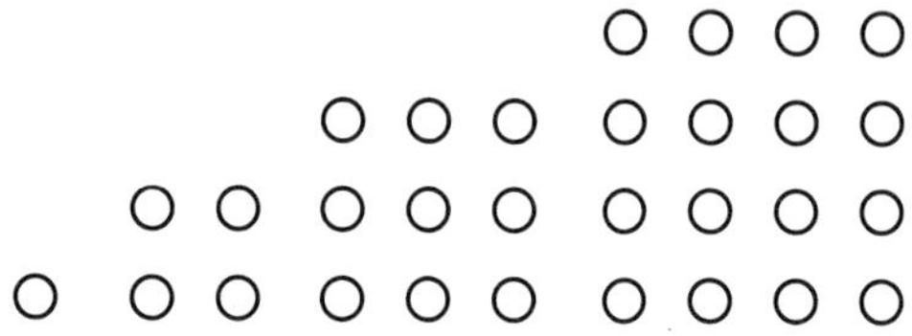

正方形数 b_n	1	4	9	16
序数 n	1	2	3	4

图 4 毕达哥拉斯正方形数

定理 1 正整数数列有求和公式

$$1 + 2 + 3 + \cdots + n = \frac{1}{2}(n+1)n.$$

古希腊人是怎样导出这个求和公式的？这是个耐人寻味的问题. 在数学开创初期, 数学推理规则尚未形成, 上述求和公式只能是由直觉看出来的. 这可能吗？

三角形数能直接看出来吗？

毕达哥拉斯学派摆弄小石子提出了一些图形数, 包括三角形数和正方形数, **实际上是毕达哥拉斯学派千年遗存的活化石, 是古希腊数学的原生态.** 克莱因一再强调, **数学这门科学是从直觉和经验的基础上发展起来的.** 因此, 作为数学的原生态, 三角形数只可能是直觉的产物.

三角形数的计算公式能够直观地显示出来吗？

问题的答案竟然出乎意料地简单. 将两个 n 层的三角形点阵颠倒摆在一起, 结果生成一个 $n+1$ 行 n 列的长方形点阵.

参看图 5, 由于三角形点阵等于长方形点阵之半, 而长方形点阵的总点数为 $(n+1)n$, 因之三角形点阵的点数, 即三角形数 a_n 等于 $\frac{1}{2}(n+1)n$.

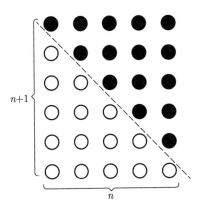

图 5　三角形数 a_n 的直观显示

由此可见, 毕达哥拉斯三角形数, 即正整数数列的求和公式

$$1 + 2 + 3 + \cdots + n = \frac{1}{2}(n+1)n$$

确实可以直接"看"出来.

古希腊人的大智慧

三角形数是古希腊人遗留下来的数学瑰宝, 人们应当用智慧的眼光去欣赏它、领悟它.

智慧, 是一个民族文明的精髓.

相比其他民族, 希腊人爱好图形, 他们具有非凡的形象思维能力. 在进行数学研究过程中, 他们擅长从形的角度出发考虑问题. 甚至有些看上去似乎是纯粹的数字计算题, 他们竟会用图形的形式切换成几何题去处理, 三角形数就是这样一个典型的案例.

正因为三角形数积淀着古希腊文明的大智慧, 所以它在数学发展过程中放射着耀人的奇光异彩, 历经千年至今仍焕发着勃勃生机. 后文将会看到, 这种大智慧遇到悠久的中华文明, 两者相互碰撞, 相互结识, 直至相互融合, 结果取得了异乎寻常的成功, 下一节杨辉三角将详述这个事实.

开代数命题几何解释的先河

顾名思义, 三角形数、正方形数等都是数形结合的产物, 它表明古希腊人在开创数学的早期, 数和形是紧密联系在一起的. **早期的数学思维是形象思维和抽象思维两种思维方式的结合体.**

图形数的提出开创了数形结合的研究方法. 古希腊人通过摆弄小石子形成了直觉, 然后进行逻辑上的论证, 归纳出若干命题, 譬如由图 6、图 7 分别得知定理 2 和定理 3.

定理 2 相邻两个三角形数之和为正方形数

$$a_n + a_{n-1} = b_n.$$

定理 3 相邻两个正方形数之差为某个奇数, 因而正方形数 $b_n = n^2$ 可分解为一系列奇数之和

$$b_n - b_{n-1} = 2n - 1,$$
$$b_n = 1 + 3 + 5 + \cdots + (2n - 1).$$

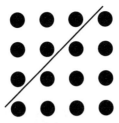

图 6 用一条斜线把正方形点阵分割成两个三角形点阵

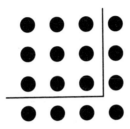

图 7 用折线从正方形点阵中分离出一个正方形点阵

　　这些命题的逻辑证明可直接由计算公式用数学归纳法得出.

三、光彩夺目的杨辉三角

杨辉三角的"洋名字"

无独有偶, 中华古算也有一件有关图形数的数学瑰宝, 叫做**杨辉三角** (**或贾宪三角**), 而且杨辉三角中蕴含三角形数.

杨辉是我国南宋数学家, 他曾在著作《详解九章算法》(1261 年) 中画有图 8, 并指出北宋贾宪 (11 世纪) 曾用过这张图.

杨辉三角 (图 8) 是一张三角形数表 (图 9).

需要指出的是, 西方人称图 9 这种三角形数表为**帕斯卡三角**. 帕斯卡是 17 世纪的法国数学家. 显然, 帕斯卡的发现比中国人要晚得多.

这个似乎不起眼的三角形数表有多大价值呢?

结构紧凑的数学美

杨辉三角结构紧凑, 具有极度数学美:

图 10 表明, 结构紧凑的杨辉三角可以自顶向下逐行演化生成, 其演化规则具有如下特征:

图 8 中华古籍上刊载的杨辉三角

```
            1
          1   1
        1   2   1
      1   3   3   1
    1   4   6   4   1
  1   5   10   10   5   1
1   6   15   20   15   6   1
            ...
```

图 9 三角形数表 —— 杨辉三角

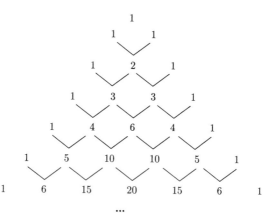

图 10　结构紧凑的杨辉三角

1. 开始值为 1, 每行首尾全是 1.

2. 每一行数字左右对称.

3. 内部每个数字为其左肩、右肩两个数字的和, 即计算格式为

杨辉三角是个矩形数表

杨辉三角 (图 9) 有鲜明的特征, 它具有对称结构. 如果将其中数字沿斜对角线 (左侧或右侧) 重新排列, 结果如图 11.

图 11 其实是一张矩形数表, 其每一行都是一个数列, 诸如

第 0 行的原生数　　1　1　1　1　1　…

第 1 行的正整数　　 1　2　3　4　5　⋯
第 2 行的三角形数　 1　3　6　10　15　⋯

第 0 行	1	1	1	1	1	1	1	⋯
第 1 行	1	2	3	4	5	6	⋯	
第 2 行	1	3	6	10	15	⋯		
第 3 行	1	4	10	20	⋯			
第 4 行	1	5	15	⋯				
第 5 行	1	6	⋯					

图 11　杨辉三角沿斜对角线展开

据此人们自然猜想, 杨辉三角是由数列演化生成的. 事实果真如此吗?

求和数列的演化机制

任给一个数列 $\{a_n\}$, 其前 n 项累加求和生成

$$b_1 = a_1,$$
$$b_2 = a_1 + a_2$$
$$b_3 = a_1 + a_2 + a_3,$$
$$\cdots$$
$$b_n = a_1 + a_2 + a_3 + \cdots + a_n,$$

这样生成的数列 $\{b_n\}$ 称作原数列 $\{a_n\}$ 的**求和数列**. 反之, 数列 $\{a_n\}$ 称作 $\{b_n\}$ 的**原数列**.

　　求和数列 $\{b_n\}$ 是原数列 $\{a_n\}$ 通过求和生成的. 这种求和亦可用累加的方式递推地进行, 即求和数列 $\{b_n\}$ 与原数列 $\{a_n\}$ 之间存在着如下 "**匹配**

关系":

$$b_1 = a_1,$$
$$b_2 = b_1 + a_2,$$
$$b_3 = b_2 + a_3,$$
$$\cdots$$
$$b_n = b_{n-1} + a_n,$$

亦即求和数列 $\{b_n\}$ 以原数列 $\{a_n\}$ 的每一项作为**增量**逐个生成, 数列的这种匹配关系可表达为

$$b_1 = a_1 \xrightarrow{+a_2} b_2 \xrightarrow{+a_3} b_3 \xrightarrow{+a_4} b_4 \rightarrow \cdots.$$

数列求和的 "三代始祖"

再回头考察数列萌发初期的三个数列.

作为出发点, 我们将单个**原生数** 1 生成一个数列, 称原生数列:

$$\{1\}: 1 \rightarrow 1 \rightarrow 1 \rightarrow 1 \rightarrow 1 \rightarrow \cdots.$$

按前述匹配方式, 将原生数列视为原数列, 它所生成的求和数列是正整数数列

$$\{n\}: \quad 1 \xrightarrow{+1} 2 \xrightarrow{+1} 3 \xrightarrow{+1} 4 \rightarrow \cdots.$$

以正整数数列作为原数列生成的求和数列是三角形数列

$$\{a_n\}: \quad 1 \xrightarrow{+2} 3 \xrightarrow{+3} 6 \xrightarrow{+4} 10 \rightarrow \cdots.$$

可见, 原生数列、正整数数列和三角形数列是数列求和萌发初期的 "三代始祖".

很显然, 仅仅靠原生数和正整数, 人们很难想象出数列这种生之又生、生生不息的繁衍关系, 可见, 三角形数的引进是不可或缺的中间环节.

求和数列 "全家福"

前已看到, 三角形数的引进产生了一种重复施行的运算法则. 设引进计算格式

表示数 a 和 b 相加生成 c, 则求和数列萌发时期的 "三代始祖" 的匹配方式可表达为图 12.

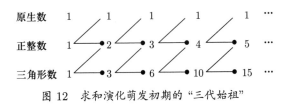

图 12　求和演化萌发初期的 "三代始祖"

我们看到, **从原生数到正整数, 再到三角形数, 展示了一个 "生之又生, 生生不息" 的繁衍**过程, 这一过程称作**求和演化**.

反复施行这种演化规则, 一代又一代地繁衍下去, 结果生成一个**求和数列大家族** (图 13).

此图正是杨辉三角展开生成的矩形数表 (图 11).

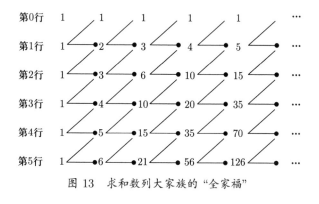

第0行　1　　1　　1　　1　　1　　…

第1行　1　2　3　4　5　　…

第2行　1　3　6　10　15　　…

第3行　1　4　10　20　35　　…

第4行　1　5　15　35　70　　…

第5行　1　6　21　56　126　…

图 13　求和数列大家族的 "全家福"

这一事实说明, 杨辉三角可以由简单得不能再简单的原生数 1, 通过单纯的加法操作演化生成. 这一演化机制可以繁衍生成一个含有无穷多个求和数列的矩形数表: 这一矩形数表内任何一行的前 n 个数字的和就等于后一行的第 n 个数字. 依据这一法则借助杨辉三角的矩形数表可以导出一个又一个求和公式, 诸如

　　第 3 行　$1 + 3 + 6 + 10 + 15 = 35,$

　　第 4 行　$1 + 4 + 10 + 20 + 35 = 70,$

　　第 5 行　$1 + 5 + 15 + 35 + 70 = 126.$

诸如此类, 不胜枚举.

一部生成求和数列的 "永动机"

前已指出, 公元前 3 世纪, 古希腊的阿基米德基于数列求和的穷竭法, 拉开了微积分方法的序幕, 被世人尊为 "古代数学之神".

其实, 早在阿基米德之前 300 多年, 古希腊数学开创的时期, 正是从正整数数列求和的三角形数起步的. 可见, 数列求和是人类数学的一个重要源头.

然而, 数列求和又是一个千古难题, 它总是拷问着世人的智慧, 推动着数学的进展.

令人惊奇的是, 11 世纪的神州大地竟然突现一张三角形数表, 即被后世称为杨辉三角. 它像一部"永动机", 源源不断地生成一个又一个求和数列, 无疑是数学瑰宝.

累加求和的反方法

前已看到, 对于给定数列 $\{a_k\}$, 其求和数列 $\{b_k\}$ 运用加法有

$$b_k = b_{k-1} + a_k, \quad k = 1, 2, \cdots, n \quad (\text{约定 } b_0 = 0),$$

结果得到

$$\sum_{k=1}^{n} a_k = b_n.$$

相反相成. 再考察累加求和的反方法. 如果存在数列 $\{b_k\}$ 使

$$a_k = b_k - b_{k-1}, \quad k = 1, 2, \cdots, n \quad (\text{约定 } b_0 = 0) \quad (2)$$

成立, 再求和, 由于

$$\begin{aligned}
\sum_{k=1}^{n} a_k &= \sum_{k=1}^{n} (b_k - b_{k-1}) \\
&= b_1 + (b_2 - b_1) + (b_3 - b_2) + \\
&\quad (b_4 - b_3) + \cdots + (b_n - b_{n-1}),
\end{aligned}$$

消去相邻两项的相同数字, 即得所求结果

$$\sum_{k=1}^{n} a_k = b_n.$$

表面上看, 利用反方法同样可以求出和值, 但要注意反方法的实现有个先决条件, 要求对给定数列 $\{a_k\}$ 预先提供满足匹配条件 (2) 的数列 $\{b_k\}$. 这项要求是很苛刻的.

杨辉三角之所以如此珍贵, 正是因为它的任意相邻两行的数列都是相互匹配的, 因此能在数列求和中大显神通!

后文将指出, 天才的莱布尼茨敏锐地捕捉到这一事实, 进而发现了数列求和的 "宝钥" 差和分.

四、帕斯卡数表藏玄妙

伟大的才智遭否定

克莱因的《古今数学思想》被誉为"古今最好的一本数学史",受到人们广泛的好评. 微积分的发明是数学史上一桩重大事件,克莱因花了不少篇幅介绍莱布尼茨的工作,但留给读者的印象却是莱布尼茨的笔记这么混乱[3]83,莱布尼茨的文章"与其说是解释,不如说是谜"[3]91.

尤其令人无法接受的是,莱布尼茨 1714 年写了《微分学的历史和起源》,向世人坦露了自己发明微积分的初衷和思想根源,然而以宣扬"古今数学思想"为宗旨的克莱因,竟然毫不理睬莱布尼茨本人的申述,甚至扬言:

"在这本书中,他给出一些关于他自己思想发展的记载. 但是,这是在他的工作做了以后许多年才写的,而且由于人的记忆力的衰减和他在此时获得的巨大洞察力,**他的历史可能不是精确的**. 又因为他的目的是针对当时加于他的剽窃的罪名而保卫自己,所以他可能**不自觉地歪曲了关于他的思想来源的记**

载."[3]83

就这样,克莱因以"莫须有的罪名",将莱布尼茨发明微积分的真实思想一笔勾销了,结果使得莱布尼茨的伟大才智蒙上了重重雾霾!

百科全书式的天才

1646 年 7 月 1 日,莱布尼茨出生于德国莱比锡.他从小聪敏好学,是个罕见的神童.莱布尼茨的中小学教育基本上是个人自学完成的.莱布尼茨 16 岁进入莱比锡大学学习法律,并钻研哲学. 1666 年, 20 岁的莱布尼茨获得博士学位,并被聘为大学教授.

莱布尼茨曾被卷入各种政治斗争,但他始终没有中断科学研究,他对科学研究的兴趣极为宽泛,被誉为百科全书式的天才 (图 14).

图 14　莱布尼茨肖像

莱布尼茨把一切领域的知识作为自己研究的对象. 他的研究涉及数学、哲学、法学、力学、光学、流体静力学、气体学、海洋学、生物学、地质学、逻辑学、语言学、历史学以及神学等共 41 个学科. 可以想象, 涉猎如此众多的学术领域要付出多么艰辛的努力.

美国史学家贝尔说:

莱布尼茨具有在任何地点、任何时间、任何条件下工作的能力, 他不停地读着、写着、思考着. 他的大部分数学著作都是在颠簸而四面透风的破马车里写出来的.

莱布尼茨曾明确说过 "直到 1672 年他还基本上不懂数学"[3]62, 这一年他 26 岁.

1672 年 3 月, 莱布尼茨因公出差巴黎, 结识了一些数学家和科学家, 特别是与惠更斯的交往激起他对数学的浓厚兴趣. 这期间他钻研了笛卡儿、帕斯卡等人的著作, 进一步加深了对数学的认识和理解.

莱布尼茨眼中的帕斯卡数表

前已介绍过数列求和的杨辉三角, 西方学者包括莱布尼茨则称之为**帕斯卡三角**. 我们尊重各民族的文化传统, 后文将按莱布尼茨的习惯改称杨辉三角为**帕斯卡数表 (图 15)**.

遵从惠更斯的启示, 莱布尼茨认真钻研了帕斯卡数表. **他敏锐地发现, 帕斯卡数表内潜藏着正反两个方向的求和过程.**

一方面, 矩形数表 (图 15) 自上而下的演化过程

第0行	1	1	1	1	1	1	1	···
第1行	1	2	3	4	5	6	7	···
第2行	1	3	6	10	15	21	28	···
第3行	1	4	10	20	35	56	84	···
第4行	1	5	15	35	70	126	210	···

图 15　帕斯卡数表

是做加法

这时帕斯卡数表可称为**和分表** (图 16).

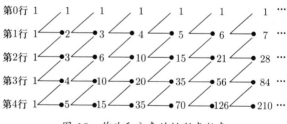

图 16　作为和分表的帕斯卡数表

　　正如前一节所指出的, 这张和分表任何一行的前 n 个数字的和分就等于其后一行的第 n 个数字. 比如第 3 行:

$$1 + 4 + 10 + 20 + 35 + 56 + 84 = 210,$$

诸如此类, 不胜枚举.

　　莱布尼茨还发现, 矩形数表自下而上的演化过程是做减法

24

这时帕斯卡数表可称为**差分表** (图 17).

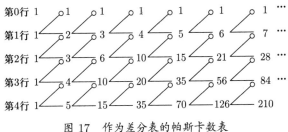

图 17　作为差分表的帕斯卡数表

　　根据这张差分表, 任意一行的每个数字均等于后一行相应数字的偏差, 因之, 该行前 n 个数字的和分就等于后一行的第 n 个数字, 比如第 3 行:

$$1 + 4 + 10 + 20 + 35 + 56 + 84$$
$$= 1 + (5 - 1) + (15 - 5) + (35 - 15) +$$
$$(70 - 35) + (126 - 70) + (210 - 126),$$

消去相邻两项内相同的数字, 结果得出第 4 行末尾的数字 210.

逆反的莱布尼茨三角

　　我们看到, 借助于帕斯卡数表的差分表 (图 17), 数列的求和计算通过 "差分求和" 竟能变成直接的计算公式, 莱布尼茨觉得这个规律 "新奇、美妙, 像

25

小孩子玩积木一样兴奋不已"[4]. 灵光闪现的莱布尼茨满脑子都是 "点子" ······

在巴黎, 莱布尼茨对惠更斯介绍了自己 "数列求和变差分求和" 的想法, 惠更斯感到很有趣, 建议他进一步考察如下无穷级数求和问题:

$$\sum_{k=1}^{\infty} \frac{2}{k(k+1)} = \frac{1}{1} + \frac{1}{3} + \frac{1}{6} + \frac{1}{10} + \cdots = ?$$

莱布尼茨套用 "数列求和变差分求和" 的设计技术, 发现

$$\sum_{k=1}^{n} \frac{1}{k(k+1)}$$

$$= \sum_{k=1}^{n} \left(\frac{1}{k} - \frac{1}{k+1} \right)$$

$$= \left(\frac{1}{1} - \frac{1}{3} \right) + \left(\frac{1}{3} - \frac{1}{6} \right) +$$

$$\left(\frac{1}{6} - \frac{1}{10} \right) + \cdots + \left(\frac{1}{n} - \frac{1}{n+1} \right)$$

$$= 1 - \frac{1}{n+1}.$$

莱布尼茨敏锐地发现, 这个例子是将正整数倒数的差分求和变换成三角形数倒数的差分求和 (提出公因子 $\frac{1}{2}$):

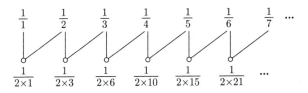

这里的计算格式是求差分

莱布尼茨循着这个计算格式反复演化下去, 获得被称为**莱布尼茨三角** (或调和三角) 的矩形数表 (图 18).

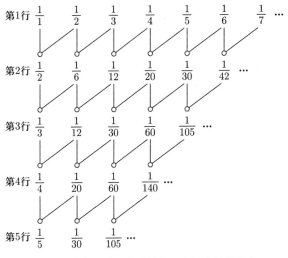

图 18 莱布尼茨三角 (调和三角) 的矩形数表

莱布尼茨数表自上而下是循着求差计算演化生

成的, 因此是个**差分表**.

容易看出, 莱布尼茨三角的差分表和帕斯卡三角的和分表其实是相互对应的. 比如莱布尼茨数表 (图 18) 的第 3 行, 如果将它的每个数乘 3 使其首项化为 $\frac{1}{1}$, 则每一项的**分母**均与帕斯卡数表 (图 16) 的第 3 行相同. 一般地, 如果将莱布尼茨数表的每一行除以首项令首项化为 $\frac{1}{1}$, 则它与帕斯卡数表互为倒数关系, 在这个意义上称差分表的莱布尼茨三角与和分表的帕斯卡三角是互逆的.

由于莱布尼茨数表 (图 18) 的每个数字均等于前一行对应项的偏差, 所以数列求和的结果非常简单, 就等于前一行的首项, 譬如有

$$\frac{1}{3} + \frac{1}{12} + \frac{1}{30} + \frac{1}{60} + \frac{1}{105} + \cdots = \frac{1}{2},$$

$$\frac{1}{4} + \frac{1}{20} + \frac{1}{60} + \frac{1}{140} + \cdots = \frac{1}{3}.$$

由此获得众多无穷级数的求和公式, 其中许多公式有实际背景.

五、数列求和探密钥

再回到数列求和这个千古难题.

中国有句成语 "相反相成". 任何事物都有正反的两面, 正反双方的对立 (一分为二) 和统一 (合二为一) 促进事物的变化发展.

数列前 n 项求和

$$\sum_{k=1}^{n} a_k = a_1 + a_2 + \cdots + a_n$$

这种运算称为 **和分**.

千百年来, 人们直面 "攻击" 和分, 但收效甚微. 自公元前 3 世纪的阿基米德算起, 无数学者前赴后继, 直到 17 世纪发明微积分才宣告这场 "和分大战" 的决定性胜利.

时势造英雄.

在 17 世纪, 伴随着工业革命的澎湃兴起, 数学也迈入 "天才的世纪". 困扰人们的千古难题数列求和能顺势突破重围吗? 人们的期盼聚焦到一点: 能否找到破解数列求和的 "密钥"?

天才的莱布尼茨在这个重要的历史关头站了出来,他向世人宣告,数列求和的密钥极其简单,只要将所给数列变形为某种差分数列,差分数列求和能立即得到所求的和值. 这个密钥称为差和分学.

什么是差和分? 差和分的根脉在哪里呢?

一个源头例子

前文二指出, 2600 年前数学开创的初期, 古希腊人在海滩上摆弄小石子, 直观地看出

$$1 + 2 + 3 + \cdots + n = \frac{(n+1)n}{2}.$$

这样得出的三角形数是数列求和的一个范例.

由于差分与和分是差与和两类运算的延伸, 三角形数有正反两个方面的含义, 一方面如上所述, 正整数数列的和分是三角形数

$$\sum_{k=1}^{n} k = \frac{(n+1)n}{2};$$

另一方面, 易知三角形数列的差分是正整数:

$$\frac{(k+1)k}{2} - \frac{k(k-1)}{2} = k, \quad k = 1, 2, \cdots, n.$$

正整数数列的和分是三角形数, 三角形数列的差分是正整数, 这一事实是显然的:

$$1 \underset{-2}{\overset{+2}{\rightleftharpoons}} 3 \underset{-3}{\overset{+3}{\rightleftharpoons}} 6 \underset{-4}{\overset{+4}{\rightleftharpoons}} 10 \underset{-5}{\overset{+5}{\rightleftharpoons}} 15 \rightleftharpoons \cdots$$

这样, 因为正整数有与之匹配的三角形数, 因而正整数的和分有直接的计算公式.

定理 4 由于存在匹配条件的差分关系式

$$\frac{(k+1)k}{2} - \frac{k(k-1)}{2} = k, \quad k = 1, 2, \cdots, n,$$

因之有

$$\sum_{k=1}^{n} k = \frac{(n+1)n}{2}.$$

直接证明定理 4 是简单的, 因为据匹配条件所给和式变成了差分求和

$$\sum_{k=1}^{n} k = \sum_{k=1}^{n} \left[\frac{(k+1)k}{2} - \frac{k(k-1)}{2} \right]$$
$$= 1 + (3-1) + (10-3) + (15-10) + \cdots +$$
$$\left[\frac{(n+1)n}{2} - \frac{n(n-1)}{2} \right],$$

消去相邻两项相同的数字便得出所要的结果.

为计算正整数数列的和分, 定理 4 归结为设计与之匹配的差分数列, 然后求差分数列的和分获得所求的结果.

定理 4 是差和分学最简单、最基本、最原始的形态.

差和分学的数学结构

考察一般数列的和分

$$\sum_{k=1}^{n} a_k = a_1 + a_2 + \cdots + a_n.$$

和分计算之所以是困难的, 是因为它是 n 个数求和, 而 n 是任意给定的.

天才的莱布尼茨设想绕开和分这个难啃的硬骨头, 转而考察某个差分 $b_k - b_{k-1}, k = 1, 2, \cdots, n$.

差分是相邻数据的偏差, 计算是简单的. 差分的和分即所谓差和分具有下列形式:

$$\sum_{k=1}^{n}(b_k - b_{k-1}) = (b_1 - b_0) + (b_2 - b_1) +$$
$$(b_3 - b_2) + \cdots + (b_n - b_{n-1}).$$

差和分这种结构很特殊, 如果在求和过程中逐步消除相邻两项的相同成分, 最终就有

$$\sum_{k=1}^{n}(b_k - b_{k-1}) = b_n - b_0.$$

这样, **差和分** $\sum_{k=1}^{n}(b_k - b_{k-1})$ **尽管本质上是个和式, 但与原先的和式** $\sum_{k=1}^{n} a_k$ **在计算的难易程度上有天壤之别**, 差和分有直接而简单的计算结果.

差和分是容易计算的, 这是一个光彩夺目的亮点. **将所给的和分转化为差和分, 这种新方法称为差和分学**. 差和分学蕴含三个概念:

一是**和分** $\sum_{k=1}^{n} a_k$, 意指数列 $\{a_k\}$ 的前 n 项求和;

二是**差分** $b_k - b_{k-1}$, 意指某个待定数列 $\{b_k\}$ 相邻两数的偏差;

三是**差和分**即差分的和分, 它有直接的计算公

式

$$\sum_{k=1}^{n}(b_k - b_{k-1}) = b_n - b_0.$$

基于这三个概念可以断定:

定理 5 如果数列 $\{b_k\}$ 与原数列 $\{a_k\}$ 是匹配的, 即成立差分关系式

$$a_k = b_k - b_{k-1}, \quad k = 1, 2, \cdots, n,$$

则得出和分

$$\sum_{k=1}^{n} a_k = b_n - b_0.$$

定理 5 的证明是不言而喻的.

需要指出的是, 对于一般数列 $\{a_k\}$, 寻求与之匹配的数列 $\{b_k\}$ 是困难的. 前面列举的三角形数只是一个极其特殊的例子. 一般地说, 针对给定数列 $\{a_k\}$ 寻求与之匹配的数列 $\{b_k\}$, 并不比直接计算和式 $\sum_{k=1}^{n} a_k$ 容易, 因此, 数列求和时直接套用定理 5 通常是不现实的.

定理 5 只是差和分学的数学结构, 它不能直接提供解题的实用算法, 只能作为一种思维框架用以扩展人们的视野.

差和分学数学美

差和分学的定理 5 集中体现了差和分学的内涵和精髓, 具有极度的数学美.

由定理 5 我们看到, 差和分学具有美妙的数学结构, 它是如此简单, 甚至不含一点公式推导; 它是如此直白, 其中没有一点拐弯抹角; 它是如此高效, 数列求和竟被转化为直接的计算公式.

差和分可概括为六个字: 和变差, 差求和. "和变差" 就是寻找与所给求和数列相匹配的差分数列, "差求和" 就是利用差分的求和公式直接得出所求的结果.

中华先贤老子有句名言: "道生一, 一生二, 二生三, 三生万物." 老子的这一学说刻画了世间万物演化发展的总规律.

差和分学生动地诠释了这个规律.

数学的加法衍生了累加求和计算, 这是 "道生一"; 莱布尼茨试图用减法的差分破解累加求和的和分, 这是 "一生二"; 差分与和分的和谐统一成就了差和分学, 这便是 "二生三, 三生万物".

六、从差和分到微积分

出人意料的是，上一节介绍的差和分学，竟是微积分学最原始、最基本、最简单的形态．直截了当地说，差和分是微积分的原生态，这一事实是伟大的莱布尼茨发现的．

差和分学的华丽蜕变

再回顾两千年前阿基米德开创的曲边图形面积计算．

考察由曲线 $y = f(x), a \leqslant x \leqslant b$ 及直线 $x = a, x = b$ 与 $y = 0$ 围成的曲边梯形 (图 19).

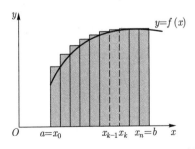

图 19　以曲线 $y = f(x)$ 为一边的曲边梯形

仿照阿基米德的做法, 采用离散化细分曲边梯形. 譬如, 将区间 $[a, b]$ 分成 n 等份, 分段长 $\Delta x = \dfrac{b-a}{n}$, 分点为

$$x_k = a + k\Delta x, \quad k = 0, 1, 2, \cdots, n,$$
$$x_0 = a, \quad x_n = b.$$

经过分点 x_k 作平行于 y 轴的直线段剖分曲边梯形为 n 个细长条 (见图 19), 每个细长条的面积近似等于 $f(x_k)\Delta x$, 因而曲边梯形面积近似等于 $\sum\limits_{k=1}^{n} f(x_k)\Delta x$.

通过这种离散化, 被积函数 $f(x)$ 变成了数列 $\{f(x_k)\}$, 与之匹配的自然是某个函数 $F(x)$ 的数列 $\{F(x_k)\}$, 类比上一节差和分结构的定理 5, 这里自然定义

和分 $\sum\limits_{k=1}^{n} f(x_k)\Delta x$,

差分 $\Delta F(x_k) = F(x_k) - F(x_{k-1}), k = 1, 2, \cdots, n,$

差和分 $\sum\limits_{k=1}^{n} \Delta F(x_k) = F(b) - F(a).$

相应的**差和分基本定理**表现为

定理 6　如果成立匹配条件即差分关系式

$$f(x_k)\Delta x = \Delta F(x_k), \quad k = 1, 2, \cdots, n,$$

则得出和分

$$\sum_{k=1}^{n} f(x_k)\Delta x = F(b) - F(a).$$

我们看到, 这里的定理 6 较上一节的定理 5 距离实际背景前进了一大步, 但依然有寻求匹配函数 $F(x)$ 的实际困难.

另外还有一个模型失真问题, 离散化后的定理 6 所得出的和分 $\sum\limits_{k=1}^{n} f(x_k)\Delta x$ 并非曲边梯形的真正面积, 而只是曲边梯形面积的近似值. 怎样将这种近似值提升为准确值呢?

将会看到, 施行无限细分即取极限的运算手续, 能够 "一箭双雕" 地解决上述两个方面的难题.

将离散化状态的细分变成极限化状态的无限细分, 相应地, 差分运算 "Δ" 将变成某种微分运算 "d". 可以想象, 微分运算将是某种未知的无穷小运算. 这样, 基于无限细分, 类比差和分基本定理的定理 6 有

定理 7 如果成立匹配条件即微分关系式

$$f(x)\mathrm{d}x = \mathrm{d}F(x), \qquad (3)$$

则立即得出积分

$$\int_a^b f(x)\mathrm{d}x = F(b) - F(a). \qquad (4)$$

这就是著名的**微积分基本定理**.

微积分基本定理是微积分学的本质特征, 是微积分方法的精髓, 在微积分学中占有极其重要的地位. 人们之所以公认牛顿和莱布尼茨发明了微积分, 决定性的因素是他们几乎同时率先导出了微积分基本定理.

然而人们也发现, 他们二人殊途同归, 是从不同方向走向微积分的.

如上所述, 莱布尼茨确认微积分学的根源是差和分学, 他从差和分基本定理 (定理 6) 类推出微积分基本定理 (定理 7). 这种设计方案直截了当, 一蹴而就, 但带有浓重的主观猜测色彩. 为保证这种方案确能真正实现, 莱布尼茨又进一步完善了微积分学的逻辑体系并付诸实际应用.

我们看到, 作为微积分基本定理的定理 7 刻画了一种因果关系, 它包含有条件 (因) 与结论 (果) 两种成分: 条件是匹配函数 $F(x)$ 满足微分关系式 (3), 结论是给定函数 $f(x)$ 的求积公式 (4).

这样, 为要全面地演绎微积分基本定理, 首先要构造出匹配函数 $F(x)$.

微分运算的设计

为成就匹配条件

$$f(x)\mathrm{d}x = \mathrm{d}F(x),$$

首先需要回答什么是微分.

微分是无穷细分即在极限状态下的差分. 譬如对于函数 $F(x) = x^3$, 其差分 $\Delta F(x) = F(x + \Delta x) - F(x)$ 具有形式

$$\Delta x^3 = (x + \Delta x)^3 - x^3,$$

由二项式展开, 可得差分展开式

$$\Delta x^3 = x^3 + 3x^2\Delta x + 3x(\Delta x)^2 + (\Delta x)^3 - x^3$$

$$= 3x^2\Delta x + 3x(\Delta x)^2 + (\Delta x)^3$$
$$= 3x^2\Delta x + o(\Delta x),$$

式中 $o(\Delta x)$ 表示关于 Δx 的高阶无穷小.

在无穷细分过程中, 当差分 Δx 变为无穷小 $\mathrm{d}x$ 时, 省略高阶无穷小就有微分法则

$$\mathrm{d}x^3 = 3x^2\mathrm{d}x.$$

仿此建立一般函数的微分法则.

建立加减乘除四则运算的微分法则是容易的, 比如对于两个函数的乘积 $u(x)v(x)$ 有差分关系式

$$\Delta[u(x)v(x)] = u(x+\Delta x)v(x+\Delta x) - u(x)v(x)$$
$$= [u(x+\Delta x)v(x+\Delta x) - u(x+\Delta x) \cdot$$
$$v(x)] + [u(x+\Delta x)v(x) - u(x)v(x)]$$
$$= u(x+\Delta x)\Delta v(x) + v(x)\Delta u(x),$$

令差分 Δx 趋向无穷小 $\mathrm{d}x$, 则有微分法则

$$\mathrm{d}[u(x)v(x)] = u(x)\mathrm{d}v(x) + v(x)\mathrm{d}u(x).$$

这一法则称作**莱布尼茨法则**, 它是莱布尼茨最早建立的.

再考察三角函数. 由于

$$\Delta\sin x = \sin(x+\Delta x) - \sin x$$
$$= 2\cos\left(x+\frac{\Delta x}{2}\right)\sin\frac{\Delta x}{2},$$

当 Δx 趋于无穷小 $\mathrm{d}x$ 时, $\cos\left(x+\dfrac{\Delta x}{2}\right)$ 趋于 $\cos x$,

可以证明, $\sin \Delta x$ 和 $2\sin \dfrac{\Delta x}{2}$ 均趋于 $\mathrm{d}x$, 从而有

$$\mathrm{d}\sin x = \cos x \mathrm{d}x.$$

类似地, 有

$$\mathrm{d}\cos x = -\sin x \mathrm{d}x.$$

总之, 若函数 $F(x)$ 有如下形式的微分法则

$$\mathrm{d}F(x) = f(x)\mathrm{d}x,$$

则这样的函数 $F(x)$ 可以充当给定函数 $f(x)$ 的匹配函数.

这样, 由于匹配条件的实现, 微积分学可以简单地说成一门用微分求积分的学问, 因之初期的微积分学称 "微分学".

导函数与原函数

然而微分 $\mathrm{d}F(x)$ 是些捉摸不定的无穷小. 无穷小是些怪异的小精灵, 它们不为 0 但小于任何给定的正数. 无穷小不便参与现实的有限量的计算. 如何控制这些数学小精灵, 将它们融入实际的科学计算呢?

微分来源于差分, 处理微分还得从差分做起. 在现实计算中, 人们往往更关注差分除差分即所谓**差商**

$$\frac{\Delta F(x)}{\Delta x} = \frac{F(x + \Delta x) - F(x)}{\Delta x}.$$

譬如

$$\frac{\Delta s(t)}{\Delta t} = \frac{s(t + \Delta t) - s(t)}{\Delta t}$$

表示路程 $s(t)$ 在时间段 Δt 内的平均速度.

一般地, 当 Δx 变为无穷小时, 差商

$$\frac{\Delta F(x)}{\Delta x} = \frac{F(x + \Delta x) - F(x)}{\Delta x}$$

的极限

$$\frac{\mathrm{d}F(x)}{\mathrm{d}x} = \lim_{\Delta x \to 0} \frac{F(x + \Delta x) - F(x)}{\Delta x}$$

称作**导数**, 记作 $F'(x)$. 尽管 $\mathrm{d}F(x)$ 是无穷小, 导数 $F'(x)$ 却是有限量, 它们参与实际计算没有任何困难.

由于导数 $F'(x)$ 的引进, 微积分基本定理中的匹配条件

$$f(x)\mathrm{d}x = \mathrm{d}F(x)$$

可以改写成

$$f(x) = F'(x),$$

这一微分关系式刻画了函数 $f(x)$ 与 $F(x)$ 的关系: $f(x)$ 称作 $F(x)$ 的**导函数**, 而 $F(x)$ 则称作 $f(x)$ 的**原函数.**

例如, $\dfrac{\mathrm{d}s(t)}{\mathrm{d}t} = s'(t)$ 称作 $s(t)$ 在时刻 t 的 (瞬时) 速度. 速度 $s'(t)$ 是路程 $s(t)$ 的导函数, 而路程 $s(t)$ 则是速度 $s'(t)$ 的原函数.

正是由于导数与微分全都从属于微积分基本定理的匹配关系式

$$f(x)\mathrm{d}x = \mathrm{d}F(x), \quad \text{即} \quad f(x) = \frac{\mathrm{d}F(x)}{\mathrm{d}x},$$

因此**求导法则与微分法则是一回事**, 无须赘述.

在人类科技史上, 微分法是一项破天荒的伟大成就, 如果没有微分与导数的概念, 就不能刻画一系列常用的物理量, 就没有速度、加速度之类的概念, 也就没有现代科技, 人类就无法探索宇宙的奥秘 ……

定积分与不定积分

作为微积分基本定理的定理 7, 前后分条件与结论两部分. 如前所述, 条件的立足点是微分, 然而结论的着眼点却是积分, 结论实际上是个积分关系式 (4):

$$\int_a^b f(x)\mathrm{d}x = F(x)\bigg|_a^b.$$

考察这个积分关系式, 其左端的积分是人们所熟知的, 从古希腊的阿基米德算起, 直到发现了微积分基本定理, 人们才明白积分 $\int_a^b f(x)\mathrm{d}x$ 只是原函数 $F(x)$ 首尾两个值 $F(b)$ 及 $F(a)$ 的偏差, 而原函数 $F(x)$ 与端点 a, b 无关.

为区分这个积分关系式的左右两端, 自然称左端 $\int_a^b f(x)\mathrm{d}x$ 为**定积分**, 而称右端的原函数 $F(x)$ 为

不定积分, 并记

$$F(x) = \int f(x)\mathrm{d}x.$$

这样, 依据前述匹配关系式 $f(x)\mathrm{d}x = \mathrm{d}F(x)$, 有

$$\int \mathrm{d}F(x) = F(x).$$

因此莱布尼茨说: 像乘方与开方, 和分与差分, 积分 $\int$ 与微分 d 是互逆的[4].

因为求导与求积是互逆的一对运算, 利用求导法则可以建立起求积法则, 即设计出原函数 $F(x)$ 的生成法则. 这样, 前述求导公式可以改写成原函数 $F(x)$ 的计算公式, 通常称为积分表.

总之, **使用微积分方法的操作步骤可概述为: 对于给定的被积函数 $f(x)$, 查积分表获取原函数 $F(x)$, 然后套用微积分基本定理求得积分**

$$\int_a^b f(x)\mathrm{d}x = F(b) - F(a).$$

例如, 对于计算曲边三角形面积的阿基米德问题 (参看一), 要求计算积分

$$\int_0^b x^2\mathrm{d}x.$$

由于 x^2 的原函数是 $\frac{1}{3}x^3$, 即

$$\left(\frac{1}{3}x^3\right)' = x^2,$$

套用微积分基本定理立即得出阿基米德的结果, 即

$$\int_0^b x^2 \mathrm{d}x = \frac{1}{3}x^3 \Big|_0^b = \frac{1}{3}b^3.$$

莱布尼茨创造了历史

在数学史上, 莱布尼茨是个伟大的数学家, 他独自包揽了近代数学史上两项划时代的伟大成就.

1693 年, 他在《教师学报》上发表论文, 清晰地阐述了微分与积分的互逆关系, 即所谓微积分基本定理, 从而宣告了微积分学的创立.

1703 年, 莱布尼茨又在法国科学院发表了论文《论二进制算术》, 宣告了二进制的发现, 从而为今日的计算机数学数值分析奠定了理论基础.

令人无法想象的是, 宣布两项伟大成就的 1693 年和 1703 年, 仅仅相隔 10 年. 这突出地表现了莱布尼茨的创新才能.

七、创新思维的化归策略

三角形数的"看图识理"

我们看到, 三角形数有"数"和"形"两副面孔. 一方面, 它是前 n 个正整数的和值 $1 + 2 + \cdots + n$, 另一方面, 它可以形象地表达为三角形点阵. "看图识理", 数形结合, 人们更容易领悟求和计算的实质和真谛.

仅仅从代数的角度直接"看"出正整数数列的求和公式是困难的. 古希腊人将正整数数列求和形象地表达为三角形点阵, 考虑到三角形点阵为矩形点阵之半, 可立即得知所求的和值, 正如前文二所说的那样.

可见正整数数列求和公式可运用数和形的化归策略直接观察得出 (图 20).

三角形数的提出是古希腊纯数学的一项重大成就.

化归策略的思维特征

有人这样概括**数学家的思维特征, 他们往往不**

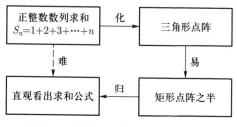

图 20　正整数数列求和公式的图形化

是对问题进行正面的 "攻击", 而是不断地将问题转化, 直到把它转化归纳为能够解决的问题.

我们将这种转化归纳的思维模式简称化归策略.

这里 "化" 是转化的意思. 由于所考察的问题比较繁杂, 求解困难, 只好采取迂回的办法, 设法将它转化成某个比较简单的新问题. 这是个化难为易的过程.

新旧问题具有不同形式, 其解的形式也大相径庭. 借助于转化得到的新问题的解的简单性, 充分汲取其精华返回给原来的旧问题. 这个过程简称 "归", "归" 是个返璞归真、回归本原的过程.

总之, 所谓化归策略, 其设计机理可概括为八个字: 化难为易, 返璞归真.

下面给出化归策略的流程图 (图 21).

哲理感悟 "照镜子"

人们经常照镜子. 你知道照镜子的原理吗?

脸上有个污点, 找个镜子瞧一瞧. 为什么要照镜子, 因为自己不能直接看到自己的面孔, 直接查找

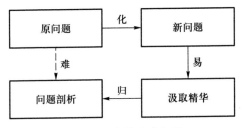

图 21　化归策略流程图

自己脸上的污点有困难. 照镜子就是把自己脸上的信息, 包括污点的位置映射到镜面上, 通过镜面弄清楚自己的 "真容", 同时也看到了污点的像. 然后再通过人的主观能动性, 反馈镜子提供的信息, 定出污点的具体位置, 将污点处理掉.

原来照镜子这个极其平常的举动, 运用的竟是高明的化归策略.

照镜子的化归策略表现为如下三个环节:

一是**转化.** 将脸上的信息包括污点的像映射到镜面上.

二是**生成.** 通过镜面看清了污点的具体位置.

三是**回归.** 根据镜面信息除掉污点, 达到预想的目的 (图 22).

莱布尼茨三变微积分

总览莱布尼茨发明微积分方法的全过程, 自始至终环绕着化归策略展开. 其间莱布尼茨施行了三次化归策略.

其一从和分变到差和分, 建立了差和分基本定

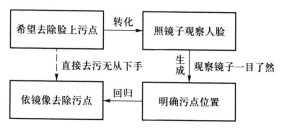

图 22　照镜子化归策略路线图

理.

其二从差分变到微分, 建立了微分法则、求导法则与积分表. 三者本质上是一回事.

其三从差和分基本定理变到微积分基本定理, 最终发明了微积分.

先看微积分的原型差和分. 考虑到数列求和有难度, 莱布尼茨转而考察某个数列 $\{b_k\}$ 的差和分 $\sum\limits_{k=1}^{n}(b_k - b_{k-1})$, 后者有直接的计算公式

$$\sum_{k=1}^{n}(b_k - b_{k-1}) = b_n - b_0.$$

这样, 如果成立匹配关系

$$a_k = b_k - b_{k-1}, \quad k = 1, 2, \cdots, n,$$

则有

$$\sum_{k=1}^{n} a_k = b_n - b_0.$$

此即差和分基本定理 (图 23).

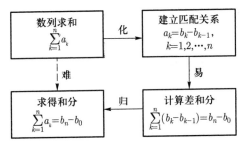

图 23　差和分方法的化归策略

再看微积分方法的核心求微分. 微分的离散化是差分, 运用二项式展开施行差分运算比较烦琐, 取极限舍弃高阶无穷小即可归纳出简洁的微分法则, 图 24 以 $F(x) = x^3$ 为例显示这一事实.

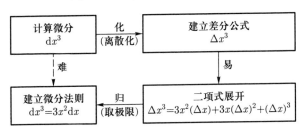

图 24　建立微分法则的化归策略

最后考察微积分的灵魂 —— 微积分基本定理. 对于给定的积分 $\int_a^b f(x)\mathrm{d}x$, 通过离散化变形为和分 $\sum_{k=1}^n f(x_k)\Delta x$, 依差和分学原理有差和分基本定理; 然后令细分变为无限细分, 取极限, 将有限个有限数的和分变为无穷个无穷小的积分, 基于微分法则即可归纳出微积分基本定理, 从而最终发明微积分. 如图 25 所示.

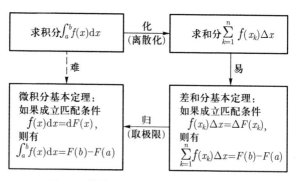

图 25 导出微积分基本定理的化归策略

结语　一个激动人心的"数学梦"

我们知道, 尽管牛顿与莱布尼茨几乎同时发明了微积分, 但他们走向微积分的道路并不相同. 在某种意义上, 他们二人是从不同的方向会师微积分基本定理的.

人们都津津乐道牛顿的创业史, 尽管艰辛, 但很风光. 克莱因的《古今数学思想》中有一番精彩的描述:

"数学和科学中的巨大进展, 几乎总是建立在几百年中作出一点一滴贡献的许多人的工作之上的. 需要有一个人来走那最高和最后的一步, 这个人要能足够敏锐地从纷乱的猜测和说明中清理出前人的有价值的想法, 有足够的想象力把这些碎片重新组织起来, 并且足够大胆地制定一个宏伟的计划. 在微积分中, 这个人就是 Isaac Newton." [3]65-66

这番议论基本上是中肯的, 牛顿自己也曾不无自豪地说:

如果我之所见比别人要远一点的话, 那只是因为我是站在巨人肩上的缘故.

正如克莱因所指出的,牛顿是"从物理方向"走向微积分的. 在牛顿眼里,物理量的变化率是个鲜活的存在. 在微积分发明之初,牛顿称变化率为"流数",称微积分为"流数术". 因此讲解微积分应当立足变化率,要首先将导数和微分讲清楚,再讲积分,最后逻辑证明联系微分和积分的微积分基本定理. 现行的微积分教材 (无论是国内的还是国外的)都是这么处理的.

同牛顿比较,莱布尼茨就显得太"寒碜"了. 莱布尼茨承认自己直到 1672 年 "还基本上不懂数学"[3]62,然而他一生当中数学原创性的巅峰时期竟是在随后的四年,即 1672 — 1676 年[4]. 这是个奇迹,其根本原因是莱布尼茨走的是"哲学方向"[3]92.

莱布尼茨看得很清楚:

"像乘方与开方,和分与差分, $\int$ 与 d 是互逆的."[4]

莱布尼茨站在积分与微分是一对互逆运算这个制高点上,再想到它们的原型是和分与差分,提出了极其优美的数学模型差和分学,他由差和分基本定理一蹴而就地类推出微积分基本定理,从而奇迹般地发明了微积分.

莱布尼茨的设计方案很有启发性,如果采用这一体系编写微积分教材,它的原理将容易理解,所讲的方法将容易掌握,所编的教材可能更具有可读性.

实现这一愿望是一个"数学梦". 一个激动人心的美梦!

参 考 文 献

[1] ATIYAH M. 数学的统一性. 数学译林, 1980(1): 36-44.

[2] 克莱因. 古今数学思想: 第 1 册. 上海: 上海科学技术出版社, 1979.

[3] 克莱因. 古今数学思想: 第 2 册. 上海: 上海科学技术出版社, 1979.

[4] 蔡聪明. Leibniz 如何想出微积分? 数学传播, 1994, 18(3).

[5] 王能超. 探秘古希腊数学. 北京: 高等教育出版社, 2016.

郑重声明

读者意见反馈

为收集对教材的意见建议，进一步完善教材编写并做好服务工作，读者可将对本教材的意见建议通过如下渠道反馈至我社。

咨询电话　400-810-0598
反馈邮箱　hepsci@pub.hep.cn
通信地址　北京市朝阳区惠新东街4号富盛大厦1座
　　　　　高等教育出版社理科事业部
邮政编码　100029